ALLE VÖGEL SIND SCHON DA

KOSMOS

ie App „KOSMOS PLUS“

as kostenlose Extra

enn Sie die Stimmen nicht nur mit der CD anhören öchten, sondern auch auf Ihrem Mobilgerät (Smart-hone oder Tablet) dabeihaben möchten, hilft Ihnen ie KOSMOS-PLUS-APP. Auch über die App können ie alle Vogelstimmen der vorgestellten Arten anhören.

nd so geht’s:

Besuchen Sie im Internet den App Store oder Google Play.

Laden Sie die kostenlose KOSMOS-PLUS-APP auf Ihr Mobilgerät.

Öffnen Sie die App, schalten Sie die Inhalte mit folgendem Code **Singdrossel** frei und laden Sie sich die Inhalte für das Produkt „Alle Vögel sind schon da“ herunter.

Auf den Seiten mit dem Symbol 1 können Sie die Stimmen der jeweiligen Vogelart hören. Dazu geben Sie die dort abgedruckte Zahl in die App ein oder suchen in der Medienliste den entsprechenden Inhalt. Wichtig dabei: Der Code in der App ist immer dreistellig. Bei einer 1 einfach 001 einge-ben, bei einer 10 010 eingeben usw.

ehr Informationen finden Sie unter plus.kosmos.de

Mehr entdecken, mehr verstehen

DAS KOSMOS VERSPRECHEN

Expertenwissen seit 1822

Welches Thema dich auch begeistert – auf unsere Expertise kannst du dich verlassen. Und das schon seit über 200 Jahren.

Unser Anspruch ist es, dich mit wertvollem Rat zu begleiten, dich zu inspirieren und deinen Horizont zu erweitern.

BEGEISTERUNG DURCH KOMPETENZ

Unsere Autorinnen und Autoren vereinen professionelles Know-how mit großer Leidenschaft für ihre Themen.

WISSEN, DAS DICH WEITERBRINGT

Leicht verständlich, lebensnah und informativ für dich auf den Punkt gebracht.

SACHVERSTAND, DEN MAN SEHEN KANN

Mit aussagestarken Fotos, Zeichnungen und Grafiken werden Inhalte besonders anschaulich aufbereitet.

QUALITÄT FÜR HEUTE UND MORGEN

Dafür sorgen langlebige Verarbeitung und ressourcenschonende Produktion.

Du hast noch Fragen oder Anregungen?
Dann kontaktiere unsere Service-Hotline: 0711 25 29 58 70
Oder schreibe uns: kosmos.de/servicecenter

Auf einen Blick

Sicher bestimmen 6
Die Vogel-Gruppen 10
Vögel beobachten 14
Vögel füttern 16
Nisthilfen im Garten 18

Die Vögel im Porträt 20

Vögel, die kleiner als ein Spatz sind 22

Vögel, die kleiner als eine Amsel sind 70

Vögel, die kleiner als eine Krähe sind 100

Vögel, die so groß wie eine Krähe oder größer sind 116

Nützliche Adressen 122
Zum Weiterlesen 123
Register 124

Sicher bestimmen

Zaunkönig

Zur leichteren Orientierung finden Sie über jeder Seite die Kennfarben des Kosmos-Farbcodes. Sie teilen die Vögel nach ihrer Körpergröße in 4 verschiedene Gruppen ein. Dabei werden die 3 sehr bekannten Arten Spatz (Haussperling), Amsel und Krähe zum Größenvergleich herangezogen.

Gelb kleiner als Haussperling (Spatz), abgekürzt: kleiner als Spatz

Rot wie Spatz oder größer, aber kleiner als Amsel, abgekürzt: kleiner als Amsel

Blau wie Amsel oder größer, aber kleiner als Rabenkrähe; abgekürzt: kleiner als Krähe

Grün wie Rabenkrähe oder größer; abgekürzt: wie Krähe oder größer

Innerhalb der Gruppen befinden sich Arten aus mehreren Familien, die mit Symbolen charakterisiert sind. Die Erklärung dieser Symbole finden Sie auf den Seiten 10–13.

Die Vogel-Steckbriefe
Der die Fotos begleitende Text ist in mehrere Abschnitte untergliedert.

Wissenswertes In dieser Rubrik werden für jede Vogelart interessante Details der Lebensweise genannt. Diese Informationen sollen Ihnen nicht nur einen Einblick in die Biologie Ihrer Gartenbesucher erlauben, sondern auch bei der Bestimmung behilflich sein – beispielsweise die Beschreibung, wie die Vögel nach Futter suchen.

Merkmale In wenigen Worten wird hier das Aussehen der Vögel beschrieben. In erster Linie geht es um auffällig gefärbte Gefiederpartien, aber auch die Angaben zur Gestalt können bei der Bestimmung eine wichtige Rolle spielen (siehe auch die Silhouetten auf den Seiten 10–13). Soweit möglich, wird schließlich der Gesang beschrieben – aber nicht immer ist es einfach, den Klang der Strophen in Worte zu fassen. Daher empfiehlt es sich, die Stimmen auf der CD anzuhören und mit den im Garten gehörten Gesängen zu vergleichen.

Vorkommen Zwar können alle in diesem Buch behandelten Vogel-arten in unseren Gärten vorkommen, doch fast alle sind auch in anderen Lebensräumen anzutreffen. Als Bestimmungshilfe mögen auch diese Angaben hilfreich sein. So besuchen im Nadelwald lebende Arten wie Tannenmeise und Wintergoldhähnchen in der Regel nur dann einen Garten, wenn dort ebenfalls Nadelbäume wachsen.

Schwanzmeisen besuchen Gärten vor allem im Winter.

Gartentipps Bei vielen Vogelarten wird darauf hingewiesen, wie man sie im Garten ansiedeln kann (z. B. mit Nistkästen) oder ihnen in anderer Weise behilflich sein kann (z. B. mithilfe von Futterstellen oder Tränken). Näheres dazu finden Sie auch auf den Seiten 16–19.

Die Vogel-Gruppen

Der Hausrotschwanz brütet gern in Nischen an Häusern.

Während der Farbcode eine grobe Einschätzung hinsichtlich der Körpergröße erlaubt, finden Sie zur weiteren Charakterisierung der beobachteten Vögel **Silhouetten**, die eine Unterteilung nach der Gestalt ermöglichen. Gleichzeitig zeigen die Silhouetten in den meisten Fällen, welche Vogelarten nah miteinander verwandt sind, d. h. der gleichen Familie angehören.

Meisen Klein, rundlich, Schnabel eher dick. Turnen meist im Geäst.

Kleiber und Baumläufer Längliche spechtartige Gestalt, kurze Beine. Klettern an Stämmen und dicken Ästen.

Zaunkönig Klein, rundlich, mit sehr kurzem Schwanz. Flink im Unterholz unterwegs.

Braunellen Schlank, dünnschnäbelig. Huscht durch das Unterholz.

Zweigsänger Schlank, dünner Schnabel. Bewohner von Büschen und Bäumen, meist in Afrika überwinternd.

Fliegenschnäpper Schlank, dünnschnäbelig. Aufrechte Sitzhaltung, Macht Jagdflüge auf Insekten.

Die Vogel-Gruppen

Erdsänger, Drosseln und Star Leicht rundlich, schlanker Schnabel. Aufrechte Sitzhaltung, Nahrungssuche oft am Boden.

Sperlinge, Finken und Ammern Dicker Schnabel, eher rundliche Gestalt. Nahrungssuche oft am Boden oder an Stauden.

Schwalben und Segler Lange, spitze Flügel, gegabelter Schwanz. In der Luft nach Insekten jagend.

Stelzen Schlank, langschwänzig. Nahrungssuche am Boden mit wippendem Schwanz.

Tauben Plump, Hals, Schnabel und Kopf klein. Futtersuche am Boden.

Eulen Haltung aufrecht, Augen groß. Jagt nachts, tags meist ruhend.

Eichelhäher gehören zu den Rabenvögeln.

Spechte Kräftiger Meißelschnabel, kurze Beine, Stützschwanz. Klettert an Stämmen und dicken Ästen.

Rabenvögel Schnabel und Füße kräftig. Allesfresser, oft am Boden.

Enten Wasservögel mit rundlichem Kopf und breitem Schnabel. Schwimmhäute zwischen den Zehen.

Vögel beobachten

In unseren Gärten leben heute mehr Vogelarten als in vielen anderen Lebensräumen. Durch das Anpflanzen verschiedener Stauden, Büsche und Bäume sind Gärten reich an Strukturen und Nahrungsquellen, die viele verschiedene Vögel anlocken. So gibt es sowohl Buschbewohner als auch Waldvögel. Mit Häusern als künstlichen Felsen haben sich sogar Gebirgsvögel wie Hausrotschwanz und Mehlschwalbe in unseren Gärten angesiedelt.

Immer neue Beobachtungen Verhält man sich ruhig, sind Vögel im Garten meist gut zu beobachten, denn durch den häufigen Kontakt mit Menschen sind sie in der Regel nicht besonders scheu. Wegen der geringen Entfernung reicht schon ein einfaches Fernglas, um Details zu erkennen – sei es zur Bestimmung

oder um sie bei der Nahrungssuche zu beobachten.
Finken und Sperlinge suchen auf Beeten nach Samen, Amseln hüpfen über den Rasen und spähen

Der Gartenrotschwanz überwintert im tropischen Afrika.

nach Regenwürmern. Manche Vögel kommen nur kurz zu Besuch, um am Gartenteich, in einer Pfütze oder an einer Tränke Wasser aufzunehmen, andere sind kaum zu sehen, weil sie im Gebüsch Insekten von Blättern und Zweigen picken.

Vögel füttern

Im Sommerhalbjahr finden Vögel im für sie freundlich gestalteten Garten genug Futter. Da sich die meisten Arten im Sommer von Insekten ernähren, ist eine zusätzliche Fütterung nicht nötig, kann aber einige Körnerfresser unterstützen.

Beeren tragende Büsche locken Gimpel und andere Vögel in den Garten

Vogelfütterung im Winter Die bei uns überwinternden Vögel sind dagegen größtenteils Körnerfresser. Erkennbar ist dies am relativ dicken

Schnabel. Diese Vogelarten kommen gern an Futterstellen, besonders wenn sie bei Schnee und gefrorenem Boden wenig andere Nahrung finden.

Haubenmeise

Futterhäuschen, Meisenknödel und Meisenringe sind sehr be-- liebt. Entscheidend ist, dass Sie nur geeignete Futtersorten wie z. B. Sonnenblumenkerne oder Hirsekörner verwenden. Bevorzugen Sie Mischungen aus dem Fachhandel. Wichtig ist aber auch, dass die Futterstelle und der Boden darunter sauber gehalten werden, um die Übertragung von Krankheiten zu vermeiden. Schließlich sollten Sie die Futterstelle unbedingt so anlegen, dass die Vögel nicht von Feinden wie beispielsweise Katzen erreicht werden können.

Nisthilfen im Garten

Reisighaufen sind für Zaunkönige eine gute Nisthilfe.

Stimmt das Umfeld, so brüten Vögel gern im Garten. Neben dichtem Gebüsch sind für Freibrüter besonders mit Kletterpflanzen bewachsene Hauswände interessant, zumal sie dort vor ihren Feinden einigermaßen sicher sind.

Nützliche Nistkästen Viele Arten brüten in Baumhöhlen. Da gerade in neueren Gärten alte Bäume mit Hohlräumen fehlen, können **Nistkästen** Abhilfe schaffen. Es gibt sie in verschiedenen Größen und mit unterschiedlich großen Einfluglöchern, passend für eine ganze Palette von Brutvögeln von der Blaumeise bis zur Dohle. Darüber hinaus gibt es auch **Halbhöhlenkästen** (z. B. für den Hausrotschwanz) oder **künstliche Schwalbennester**, die gerne zum Brüten angenommen werden.

Wichtig ist auch bei den Nisthilfen, dass sie so angebracht werden, dass Feinde keinen Zugang haben. Ferner müssen sie sauber gehalten, d. h. nach der Brutzeit gereinigt werden. Übrigens: Häufig werden Nistkästen auch zum Übernachten benutzt. Es kann deshalb nicht schaden, sie auch im Winter hängen zu lassen.

Blaumeisen

DIE VÖGEL
IM PORTRÄT

Blaumeise

1

12 cm · kleiner als Spatz

Wissenswertes

Die Blaumeise füttert zur Brutzeit ihren Nachwuchs mit Insekten. Im Winter treten als Nahrung Pflanzensamen in den Vordergrund.

Merkmale

Kappe blau, Rücken grün, Unterseite gelb, Flügel und Schwanz blau, weiße Flügelbinde. Gesang aus langem, mit 2–3 hohen Tönen eingeleitetem Triller; zeternde Rufe, die ähnlich wie »zerrrrrr« klingen.

Vorkommen

Lebt in Wäldern, Parks und Gärten. Ganzjährig.

Gartentipp

Blaumeisen sind häufig Gartenbewohner. Sie benutzen Nistkästen zum Brüten und besuchen im Winter Futterhäuser und Meisenringe.

Kohlmeise

2

14 cm · kleiner als Spatz

Wissenswertes

Im Durchschnitt wird eine Kohlmeise zweieinhalb Jahre alt, der älteste bekannte Vogel erreichte sogar ein Alter von 15 Jahren.

Merkmale

Unterseite gelb, schwarzer Bauchstreif, Kopf schwarz mit weißer Wange. Viele laute oder schnurrende Rufe; Gesang variabel, oft »zi-zi-bäh-zi-zi-bäh«.

Vorkommen

Bewohnt alle Lebensräume mit Bäumen, von Wäldern bis hin zu Innenstädten. Ganzjährig.

Gartentipp

Brütet gern in Nistkästen und besucht winterliche Futterstellen.

Tannenmeise

3

11 cm · kleiner als Spatz

Wissenswertes

Außerhalb der Brutzeit sind Tannenmeisen in Trupps unterwegs, oft zusammen mit anderen Meisen. Sind in Sibirien Fichtensamen rar, wandern sie von dort im Herbst scharenweise nach Europa.

Merkmale

Weißer Nackenfleck, 2 weiße Flügelbinden, Unterseite bräunlich. Singt monoton »wize-wize-wize-…«.

Vorkommen

Lebt in Nadelwäldern, aber auch in Gärten und Parks mit Nadelbäumen. Ganzjährig.

Gartentipp

Im Winter besuchen Tannenmeisen gern Futterstellen im Garten.

Sumpfmeise

4

12 cm · kleiner als Spatz

Wissenswertes

Die Sumpfmeise sucht sich Baumhöhlen mit engem Einflugloch oder kleiner Nestfläche, um nicht mit größeren Meisenarten ins Gehege zu kommen, doch ist in solchen engen Höhlen oft nicht Platz für ein vollständiges Gelege. In Spalten der Borke von Baumstämmen legen sich Sumpfmeisen gelegentlich Vorräte von Pflanzensamen an.

Merkmale

Schwarzer Kinnfleck klein, glänzend schwarze Kappe. Zeternde Rufe; der Gesang ist eine monotone Tonreihe wie »tjä-tjä-tjä-tjä-…«.

Vorkommen

Brütet in Laub- und Mischwäldern, im Winter auch in Gärten. Ganzjährig.

Haubenmeise

5

12 cm · kleiner als Spatz

Wissenswertes

Haubenmeisen bleiben als Brutpaare ihr Leben lang zusammen und bewohnen ihr Revier auch im Winter. Junge Vögel verpaaren sich bevorzugt mit bereits verwitweten Altvögeln. Bruthöhlen können sie mit dem Schnabel selbst in morsches Holz zimmern.

Merkmale

Schwarz-weiße Federhaube, Kehle schwarz, Oberseite einfarbig braun. Gesang aus hohen Lauten und tieferen Trillern: »si-si-dürrr-dürrr-...«.

Vorkommen

Lebt in Nadelwäldern sowie in Parks und großen Gärten mit Nadelbäumen. Ganzjährig.

Schwanzmeise

6

14 cm · kleiner als Spatz

Wissenswertes

Schwanzmeisen turnen in Trupps von 10–20 Vögeln durch das Geäst von Büschen und Bäumen. Altvögel mit erfolglosen Bruten helfen anderen Paaren bei der Jungenaufzucht.

Merkmale

Kopf weiß mit schwarzem Streif, Schwanz sehr lang, winziger Schnabel. Hohe »zie«-Rufe sowie ein scharfes »zerrr«; Gesang leise.

Vorkommen

Lebt in Wäldern, Parks und Gärten. Ganzjährig.

Gartentipp

Immer häufiger besuchen Schwanzmeisen auch winterliche Futterstellen in Gärten.

Kleiber

7

14 cm · kleiner als Spatz

Wissenswertes

Der Kleiber klettert als einziger heimischer Vogel mit dem Kopf voran an Baumstämmen hinunter.

Merkmale

Oberseite bläulich grau, Unterseite gelborange, kräftiger Schnabel, flacher Kopf. Ruft viel und laut, oft gereiht »tjüktjük-tjüktjük«.

Vorkommen

Lebt in Wäldern, Parks und Gärten mit alten oder großen Bäumen. Ganzjährig.

Gartentipp

Außer in Spechthöhlen, deren Einfluglöcher er mit Lehm verkleinert, brütet der Kleiber auch in Nistkästen, die an Bäumen aufgehängt sind.

Gartenbaumläufer

8

13 cm · kleiner als Spatz

Wissenswertes

Nachts kuscheln sich Baumläufer gern in Gruppen eng aneinander, um keine Wärme zu verlieren.

Merkmale

Unten weißlich, oben braun gemustert, dünner Schnabel. Singt laut »tü-ti-tilüit«.

Vorkommen

Lebt in Wäldern, Parks, Gärten und Grünzonen der Städte. Ganzjährig.

Gartentipp

Für Baumläufer gibt es spezielle Nistkästen. Man kann ihnen aber auch selbst gemachte Brutplätze anbieten, indem man zu einer Tasche gebogene Zweigbündel am Baumstamm befestigt.

Zaunkönig

9

9 cm · kleiner als Spatz

Wissenswertes

Das Zaunkönig-Männchen baut mehrere kugelförmige Nester, von denen sich das Weibchen eines zum Brüten aussucht. Das Nest wird auch zum Übernachten benutzt.

Merkmale

Kurzer, hochgestellter Schwanz. Schmetternder Gesang mit leiernden und trillernden Passagen, ruft hart »zrrrrt«.

Vorkommen

Lebt in Wäldern, Parks und Gärten. Ganzjährig.

Gartentipp

Reisighaufen in einer ruhigen Ecke des Gartens dienen dem Zaunkönig als Brutplatz und als Lebensraum für den Winter.

Heckenbraunelle 10

14 cm · kleiner als Spatz

Wissenswertes

Männchen und Weibchen haben zur Brutzeit jeweils ihre eigenen Reviere. Je nachdem, wie stark sich diese überlappen, kann ein Männchen mehrere Weibchen oder ein Weibchen bis zu 2 Männchen als Brutpartner haben. Außer durch ihren Gesang fallen Heckenbraunellen kaum auf, da sie meist im Unterholz umherhuschen.

Merkmale

Kopf überwiegend bläulich grau, dünner schwarzer Schnabel. Klirrender, von Buschspitzen aus vorgetragener Gesang.

Vorkommen

Bewohnt buschige Wälder, Feldgehölze, Hecken, Parks und Gärten. Ganzjährig.

Zilpzalp

11

10 cm · kleiner als Spatz

Wissenswertes

Anders als der ähnliche Fitis überwintert der Zilpzalp im Mittelmeerraum. Er baut sein Nest auf oder nahe dem Boden. Bei der Nahrungssuche sieht man ihn dagegen eher in höheren Bereichen von Büschen und Bäumen.

Merkmale

Gefieder grünlich grau, Beine schwärzlich. Singt monoton »zilp-zalp-zilp-zalp -...«.

Vorkommen

Brütet in Wäldern, Parks und Gärten. März bis Oktober.

Gartentipp

Kletterpflanzen an Wänden und Mauern nutzt der Zilpzalp gern als Nistplatz.

Fitis

12

11 cm · kleiner als Spatz

Wissenswertes

Fitisse wandern erstaunlich weit: Nordskandinavische und osteuropäische Brutvögel ziehen bis nach Südafrika, mittel- und westeuropäische immerhin bis West- und Zentralafrika.

Merkmale

Oberseite grünlich, Brust gelblich, Beine bräunlich. Melancholischer, in der Tonhöhe fallender Gesang mit Überschlag am Ende (»Buchfink in Moll«).

Vorkommen

Lebt in lichten Wäldern und in offener Landschaft mit Baumgruppen. April bis September.

Gelbspötter

13

13 cm · kleiner als Spatz

Wissenswertes

Der Gelbspötter fängt Insekten nicht im Flug, sondern liest sie von Zweigen und Blättern ab. Das Nest wird auf einem Ast gebaut. Bereits im Juli brechen die ersten Gelbspötter in Richtung ihres Winterquartiers auf, das in der Südhälfte Afrikas liegt.

Merkmale

Oben grün, unten gelblich, helles Flügelfeld. Schneller Gesang mit kratzenden und quäkenden Tönen, darunter oft der Ruf »Doktor Knie«.

Vorkommen

Lebt in feuchten Wäldern, Parks und großen Gärten. Mai bis September.

Mönchsgrasmücke

14

13 cm · kleiner als Spatz

Wissenswertes

Während mitteleuropäische Mönchsgrasmücken am Mittelmeer überwintern, ziehen ihre nordeuropäischen Artgenossen bis in den Süden Afrikas.

Merkmale

Gefieder grau, Männchen mit schwarzer und Weibchen mit brauner Kappe. Der Gesang beginnt schwatzend, wird allmählich lauter und endet mit klaren Flötentönen.

Vorkommen

Lebt in Baumbeständen verschiedenster Art. März bis Oktober.

Gartentipp

Mönchsgrasmücken profitieren von Holunder- und anderen Beeren im Garten.

Gartengrasmücke

15

14 cm · kleiner als Spatz

Wissenswertes

Auf dem Weg von Nordeuropa nach Süden nimmt die Gartengrasmücke im Herbst stetig an Gewicht zu. Grundlage dafür ist die ausgiebige Ernährung mit Holunderbeeren und anderen Früchten. Nach dem letzten »Auftanken« in Nordafrika überquert sie in einem Flug die Sahara und gelangt schließlich bis in ihr Winterquartier im Südteil Afrikas.

Merkmale

Gefieder grau. Eintönig schwatzender Gesang mit längeren Strophen als bei der Mönchsgrasmücke und ohne Flötentöne.

Vorkommen

Bewohnt Feldgehölze, Gebüsche und Waldränder. Mai bis September.

Klappergrasmücke

16

13 cm · kleiner als Spatz

Wissenswertes

Im Herbst führt der nach Südosten gerichtete Zug der Klappergrasmücken ins Winterquartier, das zwischen dem Sudan und Nigeria liegt.

Merkmale

Oberseite graubraun, Kehle weiß, Oberkopf grau. Beim Gesang folgt leisem, kaum hörbarem Gezwitscher ein lautes, leicht abfallendes »Klappern«.

Vorkommen

Bewohnt Waldränder, Hecken, Parks und Gärten. April bis September.

Gartentipp

Klappergrasmücken leben gern in buschreichen Gärten. Gut zu beobachten sind sie beim Trinken am Gartenteich.

Wintergoldhähnchen 17

9 cm · kleiner als Spatz

Wissenswertes

Mit einem Gewicht von nur etwa 5 g ist das Wintergoldhähnchen der leichteste Vogel Europas. Im Geäst von Nadelbäumen pickt es unermüdlich kleine Insekten und Spinnen auf. Auch das mit Moos und Flechten gut gepolsterte Nest wird dort eingewoben.

Merkmale

Scheitel gelborange. Rhythmischer, wispernder Gesang in sehr hoher Tonlage, zum Ende hin ansteigend.

Vorkommen

Lebt in Nadelwäldern, aber auch in Parks und Gärten mit Nadelbäumen. Ganzjährig.

Sommergoldhähnchen 18

9 cm · kleiner als Spatz

Wissenswertes

Das Sommergoldhähnchen befestigt sein kugelförmiges Nest an der Unterseite eines Zweigs und polstert es mit bis zu 800 Federchen aus. So bleiben die 0,6 g leichten Eier beim Brüten unbeschädigt. Es kommt aber zu Brutverlusten, weil viele Nester von Eichhörnchen, Siebenschläfern oder Eichelhähern ausgeraubt werden.

Merkmale

Oben leuchtend gelbgrün, Kopf schwarz-weiß gestreift, Scheitel gelborange. Ansteigender Gesang in hoher Tonlage, einförmiger als beim Wintergoldhähnchen.

Vorkommen

Bewohnt Nadel- und Mischwälder, auch in Parks mit Nadelbäumen. März bis November.

Grauschnäpper

15 cm · wie Spatz oder kleiner

Wissenswertes

Grauschnäpper brüten oft in leicht zugänglichen Halbhöhlen.Deshalb verlieren sie häufig ihre Brut durch räuberische Tiere.

Merkmale

Gefieder graubraun, Brust undeutlich gestrichelt. Ruft unauffällig »ziet« und warnend »zie-tek-tek«; Gesang besteht aus kurzer Folge unauffälliger Laute.

Vorkommen

Lebt an Waldrändern, in Baumgruppen und in baumbestandenen Siedlungen. Mai bis September.

Gartentipp

Mit aufgehängten Nistkästen kann man die Ansiedlung des Grauschnäppers im Garten fördern.

Trauerschnäpper

20

13 cm · kleiner als Spatz

Wissenswertes

Das Männchen des Trauerschnäppers besetzt oft 2 Brutreviere mit je einem Weibchen. Es muss sich dann um beide Bruten kümmern.

Merkmale

Oben dunkelgrau bis schwarz, unten weißlich, weißes Flügelfeld. Der Gesang beginnt mit lautem Auf und Ab (»wuti-wuti«), dem ein variables Zwitschern folgt.

Vorkommen

Brütet in Wäldern, Parks und Gärten. April bis September.

Gartentipp

Bei Mangel an Baumhöhlen benötigt der Trauerschnäpper Nistkästen, um sich als Brutvogel anzusiedeln.

Rotkehlchen

21

14 cm · kleiner als Spatz

Wissenswertes

Das Rotkehlchen baut sein Nest am Boden, bevorzugt unter Baumwurzeln oder Grasbüscheln.

Merkmale

Brust und Kehle orangerot mit bläulicher Umrahmung, Oberseite einfarbig braun. In der Tonhöhe abfallender, perlender Gesang, ruft scharf »tick«.

Vorkommen

Bewohnt Busch- und Baumbestände aller Art, von dichten Wäldern bis zu Parks und Gärten. Ganzjährig.

Gartentipp

An winterlichen Futterstellen sollte man dem Rotkehlchen auch Weichfutter anbieten.

Hausrotschwanz

14–15 cm · wie Spatz oder kleiner

Wissenswertes

Seit dem 19. Jahrhundert ist der Hausrotschwanz in die künstlichen »Felslandschaften« menschlicher Siedlungen eingewandert.

Merkmale

Gefieder schwarz bis graubraun, Schwanz rotorange. Singt eine helle Tonreihe mit gepresstem Fauchen und weiteren hellen Tönen.

Vorkommen

Brütet in Dörfern und Städten. März bis Oktober.

Gartentipp

Das Nest wird in Nischen und Spalten an Häusern gebaut. Halbhöhlen-Nistkästen können die Ansiedlung fördern.

Gartenrotschwanz 23

14 cm · kleiner als Spatz

Wissenswertes

Der Gartenrotschwanz sucht seine Nahrung von Sitzwarten aus, bleibt dabei aber in der Nähe von Büschen und Bäumen.

Merkmale

Schwanz rotorange, Weibchen braun, beim Männchen Kehle schwarz, Brust orange. Gesang beginnt mit 1 hohen und 2 tiefen Tönen (»di-dada«), gefolgt von schwatzenden Lauten.

Vorkommen

Bewohnt lichte Wälder, Parks und Gärten. April bis September.

Gartentipp

Der Gartenrotschwanz bevorzugt Nistkästen mit ovalem Einflugloch.

Girlitz

24

12 cm · kleiner als Spatz

Wissenswertes

Zum Singen postiert sich der Girlitz auf Baumspitzen und Antennen oder vollführt von dort einen fledermausartigen Singflug.

Merkmale

Gefieder grün-gelb mit Strichelung, Schnabel kurz und dick. Schneller, quietschend-klirrender Gesang.

Vorkommen

Bewohnt Parks, Gärten und Siedlungen. Ganzjährig.

Gartentipp

In Gärten profitieren Girlitze von Nadelbäumen als Brutplätze sowie von der Pflege von Grasflächen und Beeten, durch die Pflanzensamen für die Vögel zugänglich werden.

Mauersegler

25

16 cm · kleiner als Amsel

Wissenswertes

Der Mauersegler ist immer in der Luft, nur zum Brüten nicht. Er fliegt selbst beim Schlafen und beim Trinken an der Wasseroberfläche.

Merkmale

Schwarzbraun, Kehle weißlich, Flügel schmal und sichelförmig. Lange, schrille Flugrufe.

Vorkommen

Brütet in Städten und Dörfern, Nahrungssuche in allen Landschaftstypen. April bis August.

Gartentipp

Spezielle Nistkästen mit schmalen Einfluglöchern, die in oder an Dächern angebracht werden, ermöglichen Mauerseglern das Brüten.

Rauchschwalbe 26

17–19 cm · kleiner als Amsel

Wissenswertes

Das aus Lehm und Halmen zusammengeklebte Nest der Rauchschwalbe wird in Gebäuden oder unter niedrigen Brücken befestigt.

Merkmale

Oben blau schillernd, Kehle rostrot, lange Schwanzspieße. Zwitschernder Gesang.

Vorkommen

Brütet in Dörfern, Nahrungsflüge über Grünland oder Gewässern. März bis Oktober.

Gartentipp

Im Fachhandel sind Kunstnester erhältlich, die in Schuppen oder Ställen knapp unter der Decke angebracht werden sollten.

Mehlschwalbe

27

13 cm · kleiner als Amsel

Wissenswertes

Die Mehlschwalbe jagt hoch über dem Erdboden in der Luft nach kleinen Insekten.

Merkmale

Unten weiß, oben schwarz, weißes Rückenfeld, Schwanz leicht gegabelt. Gesang leise und zwitschernd.

Vorkommen

Brütet in Städten und Dörfern. April bis Oktober.

Gartentipp

An der Außenwand von Gebäuden unter dem Dach angebrachte Kunstnester können die Ansiedlung von Mehlschwalben fördern. Unter die Nester montierte Kotbretter vermeiden unerwünschte Verschmutzung.

Bachstelze

28

18 cm · kleiner als Amsel

Wissenswertes

Die Bachstelze ist durch ihre Bewegungen unverkennbar. Sie zeigt einen ausgeprägt wellenförmigen Flug, wippt fast ständig mit ihrem langen Schwanz und bei der Jagd nach Insekten rennt sie häufig ruckartig mit Trippelschritten ihrer Beute hinterher. Nähert sich ein Sperber oder eine Rabenkrähe, fliegt sie aufgeregt zwitschernd umher.

Merkmale

Gefieder schwarz-weiß, langer Schwanz. Unauffälliger Zwitschergesang.

Vorkommen

Lebt in Dörfern, Vorstädten und offener Landschaft, gern in Gewässernähe. März bis Oktober.

Nachtigall

29

16–17 cm · kleiner als Amsel

Wissenswertes

Die Nachtigall lebt sehr heimlich und ist meist nur zu hören. Ihre Nahrung sucht sie am Boden, bleibt dabei aber meist innerhalb des Gebüschs.

Merkmale

Oberseite und Schwanz rötlich braun, Brust leicht getönt. Lauter, überwiegend nächtlicher Gesang mit kräftigem »Schlagen« sowie pfeifendem »Schluchzen«.

Vorkommen

Bewohnt dichtes Gebüsch, bevorzugt an feuchten Standorten und in der Nähe von Gewässern. April bis August.

Star

22 cm · kleiner als Amsel

Wissenswertes

Stare ernähren sich sehr vielseitig: Neben Käfern und Insektenlarven fressen sie gern auch Kirschen und Beeren. Schwärmende Ameisen schnappen sie sogar hoch in der Luft im Flug.

Merkmale

Gefieder schwarz mit metallischem Glanz, Schnabel gelb. Gesang kratziges Quietschen und Pfeifen, imitiert andere Vögel.

Vorkommen

Brütet in Wäldern, Gärten und Dörfern, Nahrungssuche auch in offener Landschaft. Ganzjährig.

Gartentipp

Stare beziehen gern Nistkästen mit großem Einflugloch.

Haussperling, Spatz 31

15 cm · kleiner als Amsel

Wissenswertes

Oft finden sich mehrere Spatzenpaare zu kleinen Kolonien zusammen, die mitunter ein großes Gemeinschaftsnest mit mehreren Eingängen bauen.

Merkmale

Männchen unten grau, Kopf grau-schwarz-weiß, Weibchen braun gemustert. »Gesang« aus einer Reihe langsam wiederholter »schilp«-Rufe.

Vorkommen

Bewohnt Städte und Dörfer, Nahrungssuche auch in offener Landschaft. Ganzjährig.

Gartentipp

Haussperlinge sind häufige Besucher von Futterstellen sowie Brutvögel an Häusern.

Feldsperling

32

14 cm · kleiner als Amsel

Wissenswertes

Auf der Suche nach Sämereien ist der Feldsperling oft gemeinsam mit Goldammern und Finken zu entdecken.

Merkmale

Schwarzer Wangenfleck, Kappe braun, weißer Nackenring. Stimme härter und rauer als die des Haussperlings.

Vorkommen

Lebt in Dörfern und Gärten, häufig in offener Landschaft. Ganzjährig.

Gartentipp

In Gärten brüten Feldsperlinge entweder in Baumhöhlen oder in Nistkästen. Im Winter sind sie Gäste an Futterstellen.

Buchfink

33

14 cm · kleiner als Amsel

Wissenswertes

Der Buchfink ist mit etwa 200 Millionen Brutpaaren die häufigste Vogelart in Europa.

Merkmale

Beim Männchen Kappe und Nacken blaugrau, unten rosa, Weibchen unten grau, oben grünlich, 2 weiße Flügelbinden. Laut schmetternder, abfallender Gesang mit Überschlag am Ende.

Vorkommen

Lebt in Wäldern, Parks, Gärten und anderen Baumbeständen. Ganzjährig.

Gartentipp

Als Körnerfresser besuchen Buchfinken im Winter gerne Futterstellen.

Grünfink

34

15 cm · kleiner als Amsel

Wissenswertes

Die Jungvögel des Grünfinks werden zunächst mit Blattläusen, dann mit zuvor im Kropf der Eltern aufgeweichten Samen gefüttert.

Merkmale

Gefieder gelblich grün, Schnabel dick. Abgehackt wirkender Gesang aus trillernden und zwitschernden Elementen mit langem, rauem Schlusston.

Vorkommen

Bewohnt Feldgehölze, Parks und Gärten. Ganzjährig.

Gartentipp

Hagebutten im Garten sind im Sommer und Herbst eine günstige Nahrungsquelle für Grünfinken.

Bluthänfling 35

13 cm · kleiner als Amsel

Wissenswertes

Obwohl der Bluthänfling im Garten brütet, sucht er seine Nahrung meist außerhalb von Orten an Wegrändern und auf Brachflächen.

Merkmale

Rücken braun, Kopf grau, Stirn und Brust rot. Gesang aus harten Tonreihen, Quäken und Trillern.

Vorkommen

Lebt in offener Landschaft mit dichtem Gebüsch, auch in Siedlungen. März bis Oktober.

Gartentipp

Zum Trinken und Baden besuchen Bluthänflinge gern Gartenteiche und im Garten aufgestellte Wasserschälchen.

Gimpel, Dompfaff

36

16 cm · kleiner als Amsel

Wissenswertes

Die Gimpelpaare finden oft schon im Herbst zusammen. Sie streifen im Winter gemeinsam umher und suchen ab März einen Nistplatz.

Merkmale

Schwarze Kappe, Männchen unten rosarot, Weibchen unten bräunlich rosa, Hinterrücken weiß. Gesang aus leisem Pfeifen und Trillern.

Vorkommen

Brütet in Mischwäldern und Parks, im Winter gerne auch in Gärten. Ganzjährig.

Gartentipp

Im Winter suchen Gimpel gern Futterstellen mit Körnern auf.

Stieglitz, Distelfink 37

12 cm · kleiner als Amsel

Wissenswertes

Der Stieglitz brütet gern in lockeren Gruppen von bis zu 10 Paaren. Diese gehen oft zusammen im kleinen Trupp auf Nahrungssuche. Mit ihrem spitzen Schnabel ziehen sie geschickt Distelsamen aus dem Blütenboden.

Merkmale

Kopf rot-weiß-schwarz, breite gelbe Flügelbinde, Rücken hellbraun. Leise zwitschernder Gesang mit eingeflochtenen »sti-ge-litt«-Rufen.

Vorkommen

Brütet in lichten Wäldern und in lockeren Baumbeständen, Nahrungssuche an Wegrändern und auf Brachflächen. Ganzjährig.

Kernbeißer

18 cm · kleiner als Amsel

Wissenswertes

Mithilfe seines überaus kräftigen Schnabels kann der Kernbeißer stabile Pflanzensamen – bis hin zum Kirschkern – knacken.

Merkmale

Schnabel sehr dick, Kopf kräftig orangebraun, graues Nackenband, Flügel schwarz-weiß, zigarrenförmiger Körper. Singt leise eine Mischung aus scharfen »zick«-Rufen mit lang gezogenen, gepressten Tönen.

Vorkommen

Brütet in Laub- und Mischwäldern, besucht auch Parks und Gärten. Ganzjährig.

Goldammer 39

16 cm · kleiner als Amsel

Wissenswertes

Als Nahrung für ihre Jungen sammeln die Goldammern Insekten. Im Herbst suchen sie Körner und sind dann oft mit Finken und Feldsperlingen zusammen zu sehen.

Merkmale

Kopf goldgelb, Oberseite braunschwarz gestreift, Hinterrücken rotbraun. Gesang aus mehreren kurzen Tönen und einem lang gezogenen Schlusston.

Vorkommen

Lebt in offener Landschaft mit Gebüschen und Hecken, an Waldrändern und in Waldlichtungen. Ganzjährig.

Amsel

24 cm · kleiner als Krähe

Wissenswertes

Vor 150 Jahren wanderte die Amsel allmählich von Wäldern aus in Gärten und andere städtische Lebensräume ein, in denen sie geeignete Nistplätze und reichlich Futter findet.

Merkmale

Männchen schwarz mit gelbem Schnabel, Weibchen braun mit schwarzem Schnabel. Flötender Gesang von erhöhter Warte aus.

Vorkommen

Bewohnt Wälder, kleine Gehölze und Siedlungen bis hin zur Großstadt. Ganzjährig.

Gartentipp

Amseln lassen sich gut bei der Nahrungssuche beobachten: Würmer und Insekten picken sie vom Rasen, Beeren aus dem Gebüsch.

Singdrossel

23 cm · kleiner als Krähe

Wissenswertes

Bei der Nahrungssuche hält sich die Singdrossel gern im Schutz des Unterholzes auf. Hier wird man oft nur durch das Rascheln des Laubs auf sie aufmerksam.

Merkmale

Oben braun, helle Brust kräftig gefleckt. Lauter Gesang aus kurzen, meist 2- bis 3-mal wiederholten Strophen.

Vorkommen

Brütet in Wäldern, Parks und Gärten. Februar bis November.

Gartentipp

Steine oder Treppenstufen benutzen Singdrosseln als »Schmiede«, um darauf Schneckenhäuser aufzuschlagen.

Ringeltaube

42

43 cm · kleiner als Krähe

Wissenswertes

Bäume bieten der Ringeltaube auch in der Stadt viele Nistmöglichkeiten. Auf Feldern sucht sie liegen gebliebene Körner, besonders Mais.

Merkmale

Gefieder graublau, Halsfleck und Flügelstreifen weiß. Fünfsilbiger, dumpfer Gesang »gru-gruh-gru-gu-gu« mit Betonung auf der 2. Silbe.

Vorkommen

Bewohnt Wälder, Parks und Gärten. Ganzjährig.

Gartentipp

Das Nest besteht nur aus wenigen kleinen Ästen, die in eine Astgabel gelegt werden.

Türkentaube

43

31 cm · kleiner als Krähe

Wissenswertes

Vom Balkan aus hat sich die hübsche Türkentaube seit 1920 rasant über ganz Europa ausgebreitet und als Brutvogel etabliert.

Merkmale

Gefieder hellbeige, schwarzer Nackenstreif, weißes Schwanzende. Singt kräftig und klar »hu-huu-hu« mit Betonung auf der 2. Silbe.

Vorkommen

Bewohnt Dörfer und Städte mit Baumgruppen. Ganzjährig.

Gartentipp

Ihre einfachen Nester bauen Türkentauben in Bäumen, an Gebäuden, auf Fensterbrettern oder an Fallrohren.

Waldohreule

44

40 cm · kleiner als Krähe

Wissenswertes

Die Waldohreule benutzt Nester von Krähen und Greifvögeln. Ihr Revier markiert sie mit einem Balzflug, bei dem die Flügel unter dem Körper zusammenklatschen.

Merkmale

Augen orange, große »Federohren«. Gesang dumpfe »huh«-Laute.

Vorkommen

Brütet an Waldrändern und in Baumgruppen, nachts Jagd in offenem Gelände. Ganzjährig.

Gartentipp

Unter Schlafbäumen findet man Gewölle mit unverdauten Nahrungsresten wie Haaren, Federn und Knochen.

Buntspecht

45

24 cm · kleiner als Krähe

Wissenswertes

Der Buntspecht ist bei der Wahl des Lebensraums und in seiner Ernährung sehr vielseitig. Im Sommerhalbjahr bevorzugt er Insekten, im Winter sind die Samen von Nadelbäumen die Hauptnahrung, hinzu kommen Nüsse und Bucheckern. Seine mit dem Schnabel in Baumstämme gezimmerten Bruthöhlen werden später auch von anderen Vogelarten benutzt.

Merkmale

Gefieder schwarz-weiß, Unterschwanz rot. Ruft scharf »kick« oder gereiht »krrk-krrk-krrk-…«, trommelt schnell und kurz.

Vorkommen

Lebt in Wäldern, Parks und Gärten. Ganzjährig.

Elster

46

46 cm · kleiner als Krähe

Wissenswertes

Elstern suchen am Boden nach Insekten, Regenwürmern und Aas. Sie brüten in kugelförmigen Nestern.

Merkmale

Gefieder schwarz-weiß mit metallischem Glanz, Schwanz sehr lang. Schackernde Rufe.

Vorkommen

Bewohnt halboffene Landschaft mit Büschen und Bäumen, Siedlungen und Parks. Ganzjährig.

Gartentipp

Obwohl Elstern auch Nester anderer Vögel plündern, haben sie nachweislich keinen negativen Einfluss auf die Bestände dieser Arten.

Eichelhäher

35 cm · kleiner als Krähe

Wissenswertes

Bei Nahrungsmangel verlassen nordeuropäische Eichelhäher ihre Heimat und kommen in Scharen nach Mitteleuropa.

Merkmale

Gefieder bräunlich rosa, schwarzblaue Flügelfedern, schwarzer »Bart«. Rätschende und viele andere Rufe, darunter Imitationen anderer Vogelstimmen.

Vorkommen

Lebt in Wäldern, Parks und Gärten. Ganzjährig.

Gartentipp

Im Herbst verscharren Eichelhäher Eicheln oder Nüsse als Wintervorrat im Garten.

Rabenkrähe

48

47 cm · wie Krähe

Wissenswertes

Rabenkrähen brüten auf Bäumen oder Masten. Ihre Nester werden später oft von Falken oder Eulen bewohnt. Nicht brütende Vögel sind gesellig und sammeln sich abends an Schlafplätzen.

Merkmale

Gefieder schwarz, kräftiger dunkler Schnabel. Ruft laut und rau »krrah«.

Vorkommen

Lebt in offenen und halboffenen Landschaften, besucht auch Siedlungen. Ganzjährig.

Gartentipp

Um beispielsweise Walnüsse zu öffnen, lassen Krähen sie auf Dächer oder Straßen fallen.

Grünspecht

49

33 cm · wirkt fast krähengroß

Wissenswertes

Der Grünspecht hackt seine Bruthöhle in morsches Holz, trommelt aber viel seltener als andere Spechte.

Merkmale

Gefieder grün, Kappe rot. Lachende, glucksende Rufreihe »kjü-kjü-kjü-kjü-...«.

Vorkommen

Bewohnt Wälder mit Lichtungen sowie Parks und baumreiche Gärten, auch in Siedlungen. Ganzjährig.

Gartentipp

Auf dem Rasen oder auf der Straße kann man Grünspechte beobachten, die mithilfe ihrer langen, klebrigen Zunge Ameisen aufsammeln.

Stockente

50

60 cm · wie Krähe oder größer

Wissenswertes

Wie bei allen Enten beschränkt sich der Beitrag der Stockenten-Männchen bei der Fortpflanzung auf die Begattung; Brüten und Aufziehen der Jungen ist allein Sache der Weibchen.

Merkmale

Kopf des Männchens metallisch grün, Schnabel gelb, Rücken grau. Weibchen braun gemustert. Quakende und pfeifende Laute.

Vorkommen

Lebt in Gewässern aller Art. Ganzjährig.

Gartentipp

Die Nester werden gut versteckt am Boden gebaut, aber auch in Gärten und mitunter sogar in Blumenkübeln oder auf Dächern.

Nützliche Adressen

Naturschutzbund Deutschland (NABU) e.V.
NABU-Bundesgeschäftsstelle
Charitéstraße 3, D-10117 Berlin
www.NABU.de

LBV – Landesbund für Vogelschutz in Bayern e.V.
Eisvogelweg 1, D-91161 Hilpoltstein
www.lbv.de

BirdLife Österreich – Gesellschaft für Vogelkunde
Museumsplatz 1/10/8, A-1070 Wien, Österreich
www.birdlife.at

Schweizer Vogelschutz SVS/BirdLife Schweiz
Wiedingstraße 78, CH-8036 Zürich
www.birdlife.ch

Vivara Naturschutzprodukte
Postfach 2520, D-41312 Nettetal-Kaldenkirchen
www.vivara.de

SCHWEGLER Vogel- und Naturschutzprodukte GmbH
Heinkelstraße 35, D-73614 Schorndorf
www.schwegler-natur.de

Zum Weiterlesen

BARTHEL, P. H./DOUGALIS, P. (2023): Was fliegt denn da? Das Original. 200 Seiten, KOSMOS

DIERSCHKE, V. (2020): Welcher Vogel ist das? 256 Seiten, KOSMOS

HECKER, K. & F. (2020): Meine Vogel-Snackbar. Vogelfutter selber machen. 72 Seiten, KOSMOS

HECKER, K. & F. (2022): Mach was für Vögel. Do-it-yourself-Ideen, Pflanzen und Nistplätze für Gartenvögel. 72 Seiten, KOSMOS

KHIL, L. (2023): Vögel beobachten. Der praktische Einstieg: Arten finden und unterscheiden lernen. 128 Seiten, KOSMOS

MISCHITZ, V. (2019): Birding für Ahnungslose. Wie du Vögel in dein Leben lässt. 128 Seiten, KOSMOS

SCHMID, U. (2023): Vogelparadies Garten: So wird dein Garten vogelfreundlich. 96 Seiten, KOSMOS

SINGER, D. (2022): Was fliegt denn da? Der Fotoband. 400 Seiten, KOSMOS

STRAUß, D. (2024): Gartenvögel lebensgroß. 128 Seiten, KOSMOS

STRAUß, D. (2022): Gartenvögel und ihr geheimes Leben vor unserer Tür. Mit eindrucksvollen Aquarellen von Sandra Lefrançois. 256 Seiten, KOSMOS

Register

Amsel 100
Bachstelze 76
Blaumeise 22
Bluthänfling 90
Buchfink 86
Buntspecht 110
Distelfink 94
Dompfaff 92
Eichelhäher 114
Elster 112
Feldsperling 84
Fitis 44
Gartenbaumläufer 36
Gartengrasmücke 50
Gartenrotschwanz 66
Gelbspötter 46
Gimpel 92
Girlitz 68
Goldammer 98
Grauschnäpper 58
Grünfink 88
Grünspecht 118
Haubenmeise 30
Hausrotschwanz 64
Haussperling 82
Heckenbraunelle 40
Kernbeißer 96
Klappergrasmücke 52
Kleiber 34
Kohlmeise 24
Mauersegler 70
Mehlschwalbe 74
Mönchsgrasmücke 48
Nachtigall 78
Rabenkrähe 116
Rauchschwalbe 72
Ringeltaube 104
Rotkehlchen 62
Schwanzmeise 32
Singdrossel 102
Sommergoldhähnchen 5
Spatz 82
Star 80
Stieglitz 94
Stockente 120
Sumpfmeise 28
Tannenmeise 26
Trauerschnäpper 60
Türkentaube 106
Waldohreule 108
Wintergoldhähnchen 54
Zaunkönig 38
Zilpzalp 42

Impressum

Dieses Buch ist Bestandteil des Packages „Alle Vögel sind schon da"
Umschlaggestaltung von Populärgrafik, Mathis Weymann, unter Verwendung einer Aufnahme von Gamander Lopez (Vorderseite) und einer Aufnahme von clarst5/Shutterstock (Rückseite).
Die Vorderseite zeigt ein Rotkehlchen, die Rückseite ebenso.

Mit 78 Farbfotos von: 4 von Adam (61, 65, 115, 119), 1 von Angermeyer (55), 10 von Blickwinkel/Hecker (31, 51, 71, 75, 107, 87, 128/6, 129/11, 129/12), 1 von Danegger (105), 11 von Leo/fokus-natur.de (4/5, 25, 89, 69, 93, 97, 99, 128/1, 128/3, 129/9, 129/15), 1 von Fünfstück (20/21), 1 von Fürst (85), 6 von Groß (15, 18, 59, 67, 79, 129/10), 4 von Grüner (43, 47, 57, 83), 20 von Hecker (17, 19, 23, 27, 29, 33, 45, 53, 63, 73, 77, 81, 113, 117, 121, 128/2, 128/4, 128/7, 129/14, 129/16), 1 von Höfer (34), 3 von Klees (41, 111, 128/8), 2 von Limbrunner (10, 37), 3 von Moosrainer (91, 95, 129/13), 1 von Nill (16), 1 von Pixamio/Pixabay (2/3), 1 von Synatzschke (109), 8 von Zeininger (6, 9, 13, 39, 49, 101, 103, 128/5).
Mit 15 Silhouetten von Wolfgang Lang.

No. 1* DER NATURFÜHRER

* Quelle: Media Control MC Metis, Deutschland, FY 2021,WG 420-Natur und WG 422-Naturführer, Umsatz

Gedruckt auf chlorfrei gebleichtem Papier

FSC www.fsc.org MIX Papier | Fördert gute Waldnutzung FSC® C015829

ISBN 978-3-440-17899-7
Projektleitung: Stefanie Tommes
Text: Dr. Volker Dierschke
Vogelstimmen: Jean C. Roché
Lektorat und Satz: Barbara Kiesewetter
Grundlayout: eStudio Calamar
Produktion: Markus Schärtlein
Printed in Italy / Imprimé en Italie

Testen Sie Ihr Wissen:

1.
- Kohlmeise
- Blaumeise
- Tannenmeise
- Haussperling

5.
- Amsel
- Star
- Hausrot-schwanz
- Singdrossel

2.
- Blaumeise
- Kohlmeise
- Buchfink
- Girlitz

6.
- Mehlschwa
- Rauchschu
- Star
- Mauersegle

3.
- Grünfink
- Zilpzalp
- Wintergold-hähnchen
- Girlitz

7.
- Singdrossel
- Amsel
- Kernbeißer
- Star

4.
- Fitis
- Gelbspötter
- Zilpzalp
- Gartengras-mücke

8.
- Haussperli
- Heckenbrau
- Gartengras-mücke
- Gartenbau-läufer

Auflösung: 1. Kohlmeise, 2. Blaumeise, 3. Girlitz, 4. Zilpzalp, 5. Amsel, 6. Mauersegler, 7. Star, 8. Heckenbraunelle